BEI GRIN MACHT SICH IHR WISSEN BEZAHLT

- Wir veröffentlichen Ihre Hausarbeit,
  Bachelor- und Masterarbeit

- Ihr eigenes eBook und Buch -
  weltweit in allen wichtigen Shops

- Verdienen Sie an jedem Verkauf

Jetzt bei www.GRIN.com hochladen
und kostenlos publizieren

Bibliografische Information der Deutschen Nationalbibliothek:

Die Deutsche Bibliothek verzeichnet diese Publikation in der Deutschen National-
bibliografie; detaillierte bibliografische Daten sind im Internet über http://dnb.d-
nb.de/ abrufbar.

Impressum:

Copyright © 2017 GRIN Verlag, Open Publishing GmbH
Druck und Bindung: Books on Demand GmbH, Norderstedt Germany
ISBN: 9783668550155

Dieses Buch bei GRIN:

http://www.grin.com/de/e-book/375153/carbonsaeuren-und-ester-eine-versuchsreihe

Mayleen Zinser

Carbonsäuren und Ester. Eine Versuchsreihe

GRIN Verlag

Ruprecht-Karls-Universität Heidelberg

Fakultät für Chemie und Geowissenschaften

Organisch-Chemisches Institut

Demonstrationskurs Organische Chemie

Wintersemester 2016/2017

Carbonsäuren und Ester

Inhaltsverzeichnis

Einleitung

Chemie wird vom Menschen häufig als sehr komplex und abstrakt wahrgenommen, obwohl sie im Alltag allgegenwertig ist. Die organischen Verbindungen Carbonsäuren und Ester kommen sowohl in der Natur, im Alltag als auch in Lebensmitteln vor. Carbonsäuren entstehen beispielsweise biochemisch unter oxidierenden Bedingungen als Hauptprodukte des menschlichen Stoffwechsels. In Muskeln bildet sich Milchsäure, die für den sogenannten Muskelkater verantwortlich ist. Die wohl bekannteste Carbonsäure, die Essigsäure, wird zum Entkalken im Haushalt verwendet. Ebenso wie die Zitronensäure. Als Industriechemikalien werden Carbonsäuren eingesetzt, um andere Verbindungen wie Amide, Säurechloride und Ester herzustellen. Diese werden dann zur Kunststoffherstellung und in dieser Verbindung eingesetzten Weichmachern verwendet. (Frucht-)Ester werden zudem als naturidentische Aromastoffe eingesetzt, da sie in Früchten als natürlicher Bestandteil vorkommen. [1]

1. Carbonsäuren

1.1. Struktur

Carbonsäuren sind organische Verbindungen mit einer Carboxygruppe (-COOH) als funktionelle Gruppe. Der Name der Carboxygruppe leitet sich von dem Carbonyl- und Hydroxylrest ab. Je nach Anzahl der Carboxygruppen werden sie Mono-, Di-, Tri-, Tetracarbonsäuren genannt. Die Carbonsäure besitzt einen sauren Charakter durch das acide Wasserstoffatom und eine basische Eigenschaft durch die freien Elektronenpaare. Das Kohlenstoffatom ist elektrophil (vgl. Abb.1).

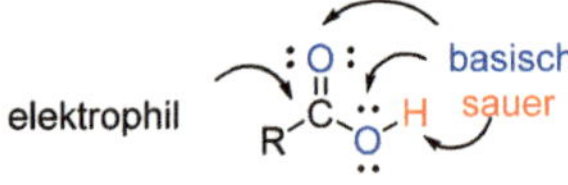

Abb.1: Die Carbonsäurestruktur mit ihren sauren sowie basischen Eigenschaften.

Eine weitere Unterscheidung kann man zwischen den aliphatischen und aromatischen Carbonsäuren treffen. [2] Die aliphatischen Carbonsäuren lassen sich in gesättigte und ungesättigte Carbonsäuren einteilen. Gesättigte Carbonsäuren besitzen Einfachbindungen und heißen Alkansäuren. Ebenso wie bei den Alkanen lässt sich auch hier eine homologe Reihe aufstellen. Die wichtigsten Vertreter sind in

Tabelle 1 aufgelistet. [1], [2] Tabelle 1 zeigt den systematischen Namen als auch den Trivialnamen, die Strukturformel und das Vorkommen bzw. die Verwendung

Tab. 1: Wichtigste Vertreter der Carbonsäuren mit systematischem Namen, Trivialnamen, Summenformel und Vorkommen.

Systematischer Name	Trivialname	Summenformel	Vorkommen / Verwendung
Methansäure	Ameisensäure	$HCOOH$	Ameisen
Ethansäure	Essigsäure	$H_3C\text{-}COOH$	Speiseessig
Propansäure	Propionsäure	$H_5C_2\text{-}COOH$	Konservierungsmittel
Butansäure	Buttersäure	$H_7C_3\text{-}COOH$	Ranzige Butter
Hexadecansäure	Palmitinsäure	$H_{31}C_{15}\text{-}COOH$	Palmöl, Kokosfett
Octadecansäure	Stearinsäure	$H_{35}C_{17}\text{-}COOH$	Haselnuss
(*cis,cis*)-Octadeca-9-12-diensäure	Linolsäure	$H_{31}C_{17}\text{-}COOH$	Bestandteil der menschlichen Haut
Propensäure	Acrylsäure	$H_3C_2\text{-}COOH$	Herstellung von Superabsorbern
Ethandisäure	Oxalsäure	$O_2HC\text{-}COOH$	Rhabarber, Spinat
-	Benzoesäure	$C_6H_5\text{-}COOH$	Weihrauch, Beeren
2-Hydroxybenzen-carbonsäure	Salicylsäure	$OH\text{-}C_6H_4\text{-}COOH$	Derivat als Schmerzmittel Aspirin

Ungesättigte Carbonsäuren hingegen besitzen mindestens eine Doppel- oder Dreifachbindungen, wodurch sie zu den Alken- bzw.- Alkinsäuren zählen.

1.2. Nomenklatur

Der systematische Name wird nach der IUPAC-Regel benannt. Häufig wird jedoch der Trivialname verwendet. Der Trivialname ist historisch bedingt und teilweise immer noch in Gebrauch.

Bei aliphatischen Carbonsäuren wird zuerst die längste Kette ermittelt und somit der Stammname nach den Alkanen benannt und dann das Wort -säure angehängt, wie in Tab. 1 zu sehen. Hierbei wird das Kohlenstoffatom der funktionellen Gruppe einbezogen. Bei zwei oder drei funktionellen Gruppen dementsprechend -disäure oder -trisäure. Das Kohlenstoffatom der Carboxylgruppe besitzt die höchste Priorität und wird bei der Nummerierung mit der Zahl 1 versehen. Cyclische Carbonsäuren werden Cyclocarbonsäuren genannt. [1]

An folgendem Beispiel soll die Vorgehensweise der Benennung gezeigt werden:

Schritt 1:

Längste Kette finden und nummerieren. Kohlenstoffatom der funktionellen Gruppe erhält höchste Priorität.

➔ Alkan: Nonan

Schritt 2:

An sechster Stelle befindet sich eine Doppelbindung. Somit handelt es sich um ein Alken.

➔ 6-Nonensäure

<u>Schritt 3:</u>

Nun werden alle Substituenten benannt.

→ 5-Ethtyl-6-Nonensäure

1.3. Eigenschaften

1.3.1. Physikalische Eigenschaften

Carbonsäuren sind durch die Carboxygruppe polare organische Stoffe. In Fettsäuren nimmt die Polarität mit zunehmender Kettenlänge, aufgrund des unpolaren Alkylrestes, ab. Sie bilden Dimere über Wasserstoffbrückenbindungen untereinander aus, sodass die Carbonsäuren hohe Siedetemperaturen besitzen (vgl. Abb. 2). [1]

Abb. 2: Dimerisierung durch Wasserstoffbrückenausbildung.

Alkohole besitzen diese Fähigkeit nicht, sodass die Schmelz- und Siedetemperaturen niedriger sind. [2] Je zwei Carbonsäuren und Alkohole werden in Tabelle 2 ihrem Siedepunkt, Schmelzpunkt und in ihrer molaren Masse verglichen.

Tab. 2: Schmelz- und Siedetemperaturen von Alkoholen und Carbonsäuren im Vergleich.

Name	Siedepunkt in °C	Schmelzpunkt in °C	Molare Masse in g/mol
Essigsäure	116-118	17	60
Propionsäure	141	-21	74
Ethanol	78	-117	46
i-Propanol	82	-88	60

Bis zur Propionsäure sind die Carbonsäuren farblose und stechend riechende Flüssigkeiten. Die Säuren mit vier bis zehn Kohlenstoffatomen sind dickflüssig. Höhere Carbonsäuren sind paraffinähnliche, weiche und geruchlose Feststoffe.

<u>Versuch 1: Vergleich der Schmelzpunkte von Essigsäure und Alkoholen</u> [3]

Chemikalien	H-Sätze	P-Sätze	Piktogramm
Essigsäure	226, 314	260, 280, 301+330+331, 305+351+338	
Ethanol	225, 319	210, 214, 305-351-338, 403+233	
i-Propanol	225, 318, 336	210, 240, 280, 305-351-338, 313, 403+233	

<u>Geräte:</u>

- 3 Reagenzgläser

- Reagenzglasständer

- Stativklammer

- Becherglas mit Eis

- Thermometer

<u>Durchführung:</u>

In drei Reagenzgläser werden jeweils konzentrierte Essigsäure, Ethanol und *i*-Propanol gegeben. Diese werden in ein Becherglas mit Eis gestellt. Anschließend wird ein Thermometer in die Reagenzgläser getaucht (vgl. Abb. 3).

<u>Beobachtung:</u>

Der Eisessig wird zu einem eisähnlichen Feststoff (vgl. Abb. 4) Die Temperatur der Essigsäure bleibt konstant bei 17 °C, wobei die Temperatur der Alkohole sinkt.

Abb. 3: Reagenzgläser (v.l.n.r.) mit Ethanol, Essigsäure, *i*-Propanol. Die Alkohole sind klar und weiterhin flüssig. Die Essigsäure ist fest geworden.

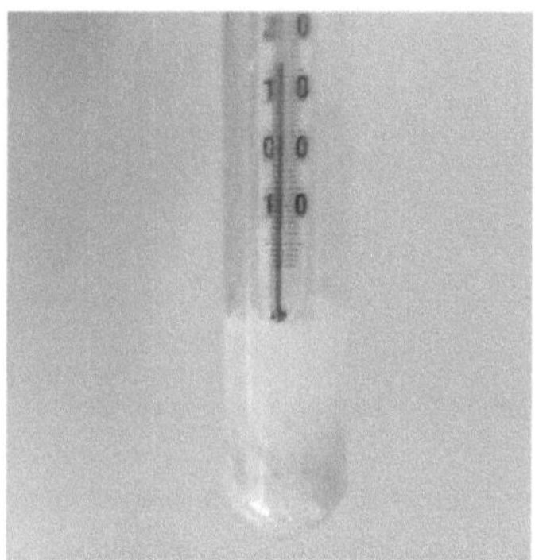

Abb. 4: Reagenzglas mit eisähnlicher Essigsäure nach dem Eisbad.

Deutung:

Die Schmelzpunktsenkung der Essigsäure ergibt sich, wie in Kap. 1.3. beschrieben, aufgrund der Dimerbildung. Beim dem Erstarren wird die Erstarrungswärme frei und die Temperatur bleibt konstant, da bei Phasenänderungen die Wärmekapazität unendlich ist. Essigsäure wird durch Oxidation von Ethanol erhalten, weshalb es interessant ist, beide Stoffe miteinander zu vergleichen. Isopropanol hingegen wird für den Versuch ausgewählt, da *i*-Propanol und Essigsäure eine ähnliche molare Masse haben.

Entsorgung:

Die Essigsäure wird verdünnt über den Abfluss entsorgt. Ethanol und *i*-Propanol werden in den Kanister für organische Lösungsmittel gegeben.

1.3.2. Chemische Eigenschaften

1.3.2.1. Säurestärke der Carbonsäuren

In Kapitel 1.1 wurde bereits gezeigt, dass Carbonsäuren sowohl eine saure als auch eine basische Eigenschaft haben. Carbonsäuren sind stärker sauer als Alkohole. Dies folgt aus der positiven Partialladung des Kohlenstoffs der Carbonylgruppe. Diese führt zur Polarisierung der Hydroxylbindung und zur Abspaltung des Protons. Bei der Deprotonierung bilden sich resonanzstabilisierte Carbonsäureanionen (vgl. Schema 2). [1]

Schema 2: Mesomerie der Carbonsäure und Bildung des Carbonsäureanions.

Die rechte Seite des Schemas 2 zeigt, dass die mesomeren Grenzformeln gleichwertig sind. Man nimmt somit an, dass es keine Unterscheidung zwischen Doppel- und Einfachbindung im Carboxlat-Ion gibt, da die π-Elektronen delokalisiert sind. Beide C-O-Bindungen haben die gleiche Bindungslänge von 126 pm. [1]

1.3.2.2. Einfluss auf die Säurestärke

Mit zunehmender Kettenlänge nimmt der pK_s-Wert der Carbonsäuren zu. Die absteigende Säurestärke kann durch den mesomeren und induktiven Effekte erklärt werden. Der induktive Effekt (I-Effekt) bezeichnet die elektronenanziehende oder elektronenschiebende Wirkung eines Atoms oder einer Atomgruppe über die sigma-Bindung. Elektronenziehende Gruppen am α-ständigen Kohlenstoffatom, wie z.B. Halogene erhöhen die Acidität, sodass die Säurestärke von Carbonsäuren über Monohalogencarbonsäure bis zur Trihalogencarbonsäure zunimmt (vgl. Tab. 3). Dies wird als -I-Effekt bezeichnet, da Halogene eine höhere Elektronegativität haben als das Kohlenstoffatom. Die α, β, γ-Nomenklatur zeigt die Stellung zweier funktioneller

Gruppen in einer organischen Verbindung zueinander. α-ständig bedeutet, dass die funktionellen Gruppen am geminalen Kohlenstoffatom sind.

Der +I-Effekt entsteht beim umgekehrten Fall. Der mesomere Effekt (M-Effekt) kann ebenfalls in beide Richtungen erfolgen. Dieser kommt bei ungesättigten und aromatischen Systemen durch π-Elektronen von Mehrfachbindungen oder durch freie Elektronenpaare zustande. Der +M-Effekt verringert die Reaktivität der Carbonsäure und ihrer Derivate. Die Elektronendichte am Kohlenstoffatom der Carboxylatgruppe wird erhöht, wodurch die Säurestärke zunimmt. Der -M-Effekt wird durch Gruppen hervorgerufen, die die Elektronendichte herabsetzen. Sie nehmen bevorzugt negative Ladungen auf und die Säurestärke wird somit erhöht. Folgende Tabelle (Tab. 3) zeigt den Vergleich der pK_s-Werte einiger Carbonsäure und anorganischen Säuren. [1] Ebenfalls zeigt Versuch 2 die Auswirkung der Reaktion zwischen verschiedenen Carbonsäuren und einem unedlen Metall.

Tab. 3: Vergleich der pK_s-Werte von Carbonsäuren und anorganischen Säuren.

Name	Summenformel	pK_s-Wert
Essigsäure	CH_3COOH	4,76
Propionsäure	CH_3CH_2COOH	4,88
Pavilinsäure	$(CH_3)_3CHCOOH$	5,05
Monochloressigsäure	$CH_2ClCOOH$	2,81
Dichloressigsäure	$CHCl_2COOH$	1,30
Trichloressigsäure	CCl_3COOH	0,08
Acrylsäure	$CH_2=CHCOOH$	4,26
Benzoesäure	H_5C_6COOH	4,22

Versuch 2: Vergleich der Säurestärke von Carbonsäure und anorganischen Säuren durch Reaktion mit unedlen Metallen [4]

Chemikalien	H-Sätze	P-Sätze	Piktogramm
Ameisensäure	226, 314	260, 280, 301+330+331, 305+351+338	
Essigsäure	226, 314	260, 280, 301+330+331, 305+351+338	
Propionsäure	314	260, 280, 301+330+331, 305+351+338	
Magnesiumband	-	-	

Geräte:

- 3 Reagenzgläser
- Reagenzglasständer
- Pinzette
- pH-Papier

Durchführung:

In je einem Becherglas werden etwa 20 mL der jeweiligen 1 molare Säure gegeben. Anschließend wird mit Universalindikatorpapier der pH-Wert ermittelt.

Danach werden jeweils ein kleines Stück (ca. 0,5 cm) Magnesiumband hinzugefügt.

Beobachtung:

Das pH-Papier färbt sich rot. Die Intensität der Rotfärbung nimmt von der Ameisensäure zur Propionsäure ab (vgl. Abb. 5). Es ist eine Gasentwicklung zu erkennen, die ebenfalls wie eben beschrieben abnimmt.

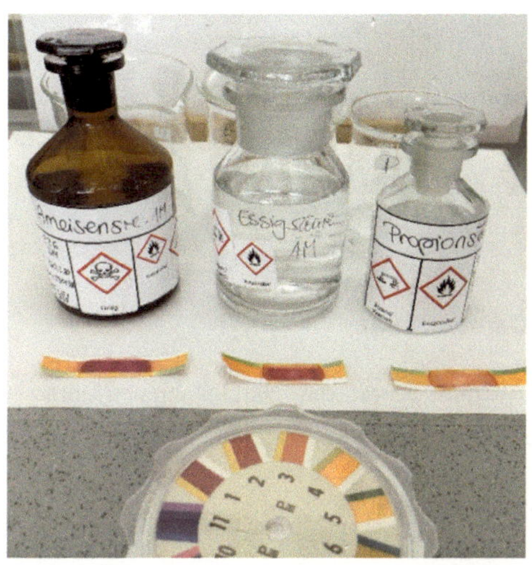

Abb. 5: Die Ameisensäure zeigt einen pH-Wert von etwa 1. Die Essigsäure ~ pH 2 und Propionsäure ~ pH 3. Die Rotfärbung des Indikatorpapiers nimmt somit von links nach rechts ab. Die Säuren unterscheiden sich in ihrer Säurestärke.

<u>Deutung:</u>

Die Ameisensäure erzeugt keinen induktiven Effekt. Die Abnahme der Säurestärke ist durch den zunehmenden induktiven Effekt durch die zusätzliche Methylgruppe zu erklären. Von der Ameisensäure zur Essigsäure kommt eine Methylgruppe hinzu. Bei der Propionsäure eine weitere. Die Bindung zwischen Hydroxylgruppe und Kohlenstoffatom wird dadurch weniger polarisiert.

Die Carbonsäuren reagieren mit dem unedlen Metall Magnesium unter Wasserstofffreisetzung, was die Gasbildung erklärt. Diese ist von der Säurestärke, wie bereits in der Beobachtung beschrieben, abhängig.

Am Beispiel der Essigsäure erhält man folgende Reaktionsgleichung:

$$2\ CH_3COOH_{(aq.)} + Mg_{(s)} \rightarrow Mg^{2+}_{(aq.)} + H_{2(g)} + 2\ CH_3COO^-_{(aq.)}$$

Schema 3: Reaktionsgleichung für die Reaktion zwischen Essigsäure und Magnesium.

<u>Entsorgung:</u>

Säuren werden mit Natronlauge neutralisiert und in den Abfluss gegeben. Das pH-Papier kann in den Abfall gegeben werden. Überschüssiges Magnesiumband wird mit verdünnter Salzsäure aufgelöst.

2. Darstellung von Carbonsäuren

In diesem Kapitel werden zuerst die Herstellungsverfahren von Ameisen- und Essigsäure vorgestellt. Danach werden allgemeine Herstellungsverfahren betrachtet.

2.1. Darstellung der Ameisensäure

Wie dem Trivialnamen zu entnehmen, wurde früher die Ameisensäure direkt aus den Ameisen extrahiert.

Durch Reaktion von Kohlenstoffmonoxid und Natronlauge entsteht zunächst Natriumformiat. Dieses wird mit Schwefelsäure zu Ameisensäure und Natriumsulfat umgesetzt (vgl. Schema 4). [2]

$$NaOH + CO \longrightarrow HCOO^- Na^+$$
$$2\ HCOO^- Na^+ + H_2SO_4 \longrightarrow HCOOH + Na_2SO_4$$

Schema 4: Reaktionsgleichungen zur Darstellung von Ameisensäure. Natronlauge und Kohlenstoffmonooxid reagieren zu Natriumformiat. Dieses reagiert mit Schwefelsäure zu Ameisensäure und Natriumsulfat.

2.2. Darstellung der Essigsäure

Essigsäure kommt in der Natur in Pflanzensäften und ätherischen Ölen vor.

Biochemisch kann Essigsäure durch Oxidation von Ethanol z.B. im Wein hergestellt werden. Durch Bakterien wird ein Gärungsprozess in Gang gesetzt, wodurch zuerst Acetaldehyd und anschließend Essigsäure entsteht (vgl. Schema 5).

Schema 5: Biochemische Herstellung der Essigsäure aus Ethanol. Durch Oxidation und Mikroorganismen entsteht zunächst Acetaldehyd, welches weiter zu Essigsäure oxidiert wird.

Großtechnisch wird Essigsäure durch Umsetzung von Kohlenstoffmonoxid und Methanol hergestellt. Wurde erst Kobaltiodid als Katalysator verwendet, wird heutzutage ein Iridiumkatalysator eingesetzt (vgl. Schema 6). [2]

Schema 6: Großindustrielle Herstellung der Essigsäure.

2.3. Darstellung durch Oxidation von Alkoholen, Aldehyden und Ketonen

Carbonsäuren lassen sich durch Oxidation von primären Alkoholen oder Aldehyden herstellen. Es werden starke Oxidationsmittel wie z.B. Chromtrioxid (CrO_3) oder Kaliumpermanganat ($KMnO_4$) verwendet. Die Oxidation erfolgt bei Alkoholen über eine Zwischenstufe. Zuerst wird der primäre Alkohol zum Aldehyd und dann erst zur Carbonsäure umgesetzt. Ein Aldehyd reagiert direkt zur Carbonsäure (vgl. Schema 7).

Sekundäre Alkohole oder Ketone lassen sich nur in Gegenwart eines starken Oxidationsmittels z.B. Vanadiumpentoxid oder Salpetersäure durch eine C-C-Bindungsspaltung herstellen. [15]

Schema 7: Herstellung der Carbonsäure durch Oxidation aus einem primären Alkohol.

<u>**Versuch 3: Darstellung von Essigsäure aus Acetaldehyd**</u> [3]

Chemikalien	H-Sätze	P-Sätze	Piktogramm
Acetaldehyd	224, 351, 319, 335	210, 233, 281, 205+251+338, 308+313	
Kupferblech	-	-	

<u>Geräte:</u>

- 50 mL Becherglas (hoch)
- Bunsenbrenner
- Tiegelzange
- pH-Papier

<u>Durchführung:</u>

In ein kleines, hohes Becherglas wird Acetyaldehyd gegeben. Der pH-Wert wird mit einem Indikatorpapier gemessen. Danach wird ein Kupferblech im Bunsenbrenner bis zum Glühen und bis zur Schwarzfärbung erhitzt. Anschließend wird das Blech in die Lösung gehalten und nochmals der pH-Wert gemessen.

<u>Beobachtung:</u>

Beim Erhitzen des Kupferblechs entsteht eine Schwarzfärbung. Wird dieses in die Lösung getaucht, entfärbt es sich wieder (vgl. Abb. 6). Das pH-Papier färbt sich rot und ein leichter Essiggeruch ist wahrnehmbar (vgl. Abb.7).

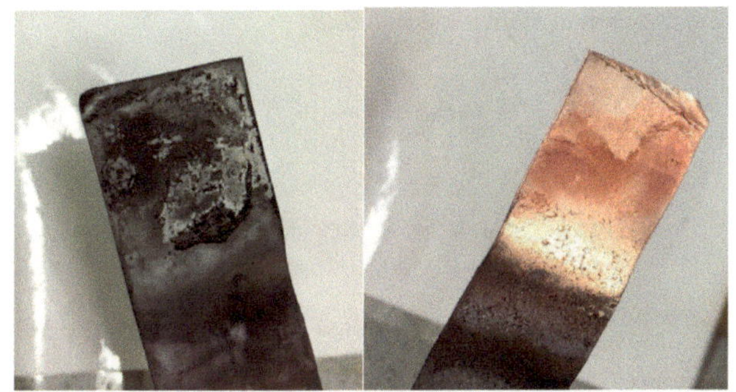

Abb. 6.: Beim Erhitzen färbt sich das Kupferblech schwarz. Nach dem Eintauchen in Acetaldehyd entfärbt es sich wieder und wird kupferfarben.

Abb. 7: Das Indikatorpapier zeigt nach der Reaktion kleine rote Stellen, die zeigen, dass bei der Reaktion eine Säure entstanden ist.

<u>Deutung:</u>

Durch das Erhitzen entsteht schwarzes Kupferoxid (CuO). Das Kupferoxid wird dann zu Kupfer reduziert, was die Farbänderung von schwarz zu kupferfarben erklärt. Acetaldehyd wird wiederrum zu Essigsäure oxidiert, die das Indikatorpapier rot färbt.

Der Reaktionsmechanismus sieht wie folgt aus:

$$CH_3-\underset{H}{\overset{O}{\overset{\|}{C}}} + CuO \longrightarrow CH_3-\underset{OH}{\overset{O}{\overset{\|}{C}}} + Cu$$

Reduktion: $\overset{+II}{CuO} + 2e^- + 2\,H_3O^+ \longrightarrow \overset{0}{Cu} + 3\,H_2O$

Oxidation: $H_3C-\underset{H}{\overset{O}{\overset{\|}{\overset{+I}{C}}}} + 3\,H_2O \longrightarrow H_3C-\underset{OH}{\overset{O}{\overset{\|}{\overset{+III}{C}}}} + 2e^-$

Schema 7: Reaktionsgleichungen der Reaktion zwischen Acetaldehyd und Kupferoxid. Es entsteht Essigsäure und Kupfer. Bei der Reduktion wird das Kupferoxid zu Kupfer reduziert. Acetaldehyd wird zur Essigsäure oxidiert.

<u>Entsorgung:</u>

Die Lösung kann nach mehrmaliger Durchführung durch Neutralisation im Abguss entsorgt werden.

2.4. Darstellung durch Hydrolyse von Nitrilen

Nitrile lassen sich aus Alkanhalogeniden und Cyanid-Ionen herstellen. Durch Hydrolyse lassen sich Nitrile zu Carbonsäuren umsetzen. Die Reaktion kann sowohl im sauren (vgl. Schema 8) als auch im alkalischen (vgl. Schema 9) Milieu erfolgen. Als Zwischenprodukt entsteht bei beiden Reaktionsmechanismen ein Amid, das ein Derivat der Carbonsäure ist. [5]

Schema 8: Reaktionsmechanismus der sauer katalysierten Hydrolyse von Nitril zur Herstellung von Carbonsäuren.

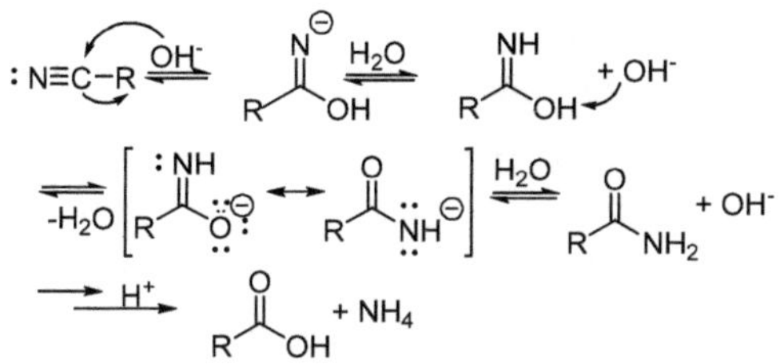

Schema 9: Reaktionsmechanismus der basisch katalysierten Hydrolyse von Nitril zur Herstellung von Carbonsäuren.

2.5. Darstellung durch Grignard-Reagenz

Carbonsäuren lassen sich im Labor aus einem Grignardreagenz und Kohlenstoffdioxid über eine Additionsreaktion herstellen (vgl. Schema 10). Die Reaktionsbedingungen sind hier milder als bei der Darstellung von Nitrilen. Hydroxy- und Carboxylgruppe müssen jedoch geschützt werden. [1]

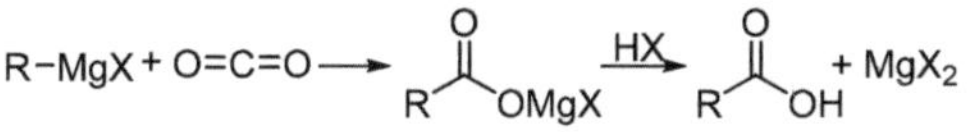

Schema 10: Reaktionsgleichung der Carbonsäuredarstellung nach Grignard. Ein Grignardreagenz reagiert mit Kohlenstoffdioxid zur Carbonsäure.

3. Reaktionen der Carbonsäure

3.1. Salzbildung

Durch Reaktion der Carbonsäure mit einer Base erhält man das Salz der Carbonsäure (vgl. Schema 11). Es handelt sich hierbei um eine Neutralisationsreaktion. Der Name des Salzes setzt sich aus dem Stammnamen der Säure zusammen und der Endung „-oat" z.B. Palmiate, Stearate, Oleate. Eine Ausnahme bilden hier die einfachen Carbonsäuren Ameisensäure, Essigsäure und Propionsäure. Ihre Salze nennt man Formiate, Acetate und Propionate.

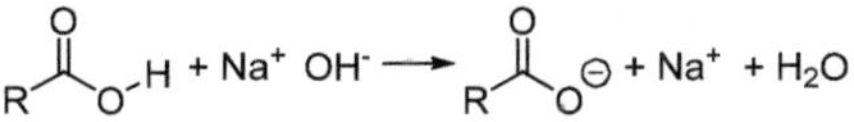

Schema 11: Salzbildung einer Carbonsäure durch Reaktion mit einer Base.

Dicarbonsäuren reagieren zu Dicarboxylaten. Die Salze der Fettsäuren werden als anionische Tenside eingesetzt. Die Kernseife beispielsweise ist ein Natriumsalz höherer Carbonsäuren. Tenside werden als Seifen eingesetzt, weil ihr hydrophiler Rest mit Wasser wechselwirkt, während sich der Alkylrest zu einer lipophilen Schicht zusammenlagert. Dies hat zur Folge, dass die Oberflächenspannung des Wassers verringert wird. Im lipophile Kern der Mizelle werden normalerweise wasserunlösliche Verschmutzungen z.B. auf Textilien gelöst. [1]

Versuch 4: Seifenbildung aus Palmitinsäure [1]

Chemikalien	H-Sätze	P-Sätze	Piktogramm
Palmitinsäure	-	-	-
Natronlauge	314, 290	280, 301+330+331, 309+310, 305+351+338	

Geräte:

- Becherglas

- Magnetrührer mit Heizplatte

- Rührfisch

- Reagenzglas

Durchführung:

Eine kleine Menge Palmitinsäure und 30 mL Natronlauge (30%) werden in ein Becherglas vorgelegt. Auf einer Rührplatte wird 5 min lang erhitzt. Danach nimmt man das Becherglas von der Platte, gibt dest. Wasser hinzu und schüttelt kräftig.

Beobachtung:

Beim Rühren ist eine Schaumbildung zu erkennen. Lässt man die Lösung in einem Reagenzglas abkühlen und schüttelt es, erkennt man einen farblosen Feststoff. (vgl. Abb.8). Der Rückstand löst sich beim Schütteln in Wasser und es entsteht wieder eine Schaumbildung.

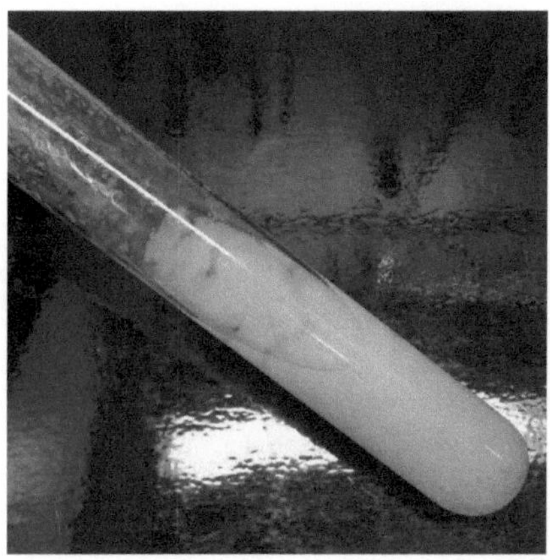

Abb. 8: Reagenzglas mit gebildeter Seife nach der Reaktion von Palmitinsäure und Natronlauge.

<u>Deutung:</u>

Die Palmitinsäure reagiert durch Hitzeeinfluss mit der Natronlauge zu einem Natriumpalmiat und Wasser. Wie bereits erwähnt sind Palmiate, Salze der Palmitinsäure. In Verbindung mit Wasser wird es als Seife verwendet, weshalb auch die Schaumbildung zu erklären ist.

<u>Entsorgung:</u>

Die Lösung kann im Abguss entsorgt werden. Feste Seifenreste werden in den Abfall gegeben.

3.2. Reaktion von Dicarbonsäuren

In Kapitel 1.1 wurde die Existenz der Dicarbonsäuren erwähnt. In folgendem Abschnitt sollen kurz die Dicarbonsäuren und als Beispiel die Oxalsäure betrachtet werden.

Dicarbonsäuren besitzen zwei Carboxygruppen. Die homologe Reihe der unverzweigten gesättigten Dicarbonsäuren wird in Tabelle 4 dargestellt. [1]

Tab. 4: Die homologe Reihe der Dicarbonsäuren bis zur Decandisäure mit Namen nach IUPAC, Trivialname, Strukturformel und Vorkommen in der Natur.

Name	Trivialname	Strukturformel	Vorkommen
Ethandisäure	Oxalsäure	$HOOC\text{-}COOH$	Rhabarber, Spinat
Propandisäure	Malonsäure	$HOOC\text{-}CH_2\text{-}COOH$	Zuckerrübensaft
Butandisäure	Bernsteinsäure	$HOOC\text{-}C_2H_4\text{-}COOH$	Bernstein
Pentandisäure	Glutarsäure	$HOOC\text{-}C_3H_6\text{-}COOH$	Saft unreifer Zuckerrüben
Hexandisäure	Adipinsäure	$HOOC\text{-}C_4H_8\text{-}COOH$	Rote Beete, Zuckerrübe
Heptandisäure	Pimelinsäure	$HOOC\text{-}C_5H_{10}\text{-}COOH$	
Octandisäure	Korksäure	$HOOC\text{-}C_6H_{12}\text{-}COOH$	
Nonandisäure	Azelainsäure	$HOOC\text{-}C_7H_{14}\text{-}COOH$	
Decandisäure	Sebacinsäure	$HOOC\text{-}C_8H_{16}\text{-}COOH$	Rizinusöl

Wie in Tabelle 4 zu erkennen ist, kommen Dicarbonsäuren in der Natur vor oder werden als Reagenzien für weitere Herstellungsverfahren benötigt. Am Beispiel der Oxalsäure soll mit dem nächsten Versuch eine wichtige Eigenschaft und Verwendung der Dicarbonsäure demonstriert werden.

<u>**Versuch 5: Oxalsäure als Rostlöser**</u> [6]

Chemikalien	H-Sätze	P-Sätze	Piktogramm
Oxalsäure	302, 312, 318	280, 305+351+338	

<u>Geräte:</u>

- Erlenmeyerkolben

- Reagenzglas

- Bunsenbrenner

- Pinzette

- Rostiger Eisennagel

<u>Durchführung:</u>

10g Oxalsäure werden in 100 mL dest. Wasser gegeben. Anschließend gibt man die konzentrierte Oxalsäurelösung mit einem verrosteten Nagel (vgl. Abb. 9) in ein Reagenzglas und erhitzt dieses über einer Bunsenbrennerflamme. Anschließend wird der Nagel mit einer Pinzette aus der Lösung geholt und mit Wasser abgespült.

<u>Beobachtung:</u>

Die Lösung färbt sich gelb-grünlich und der Nagel ist rostfrei (vgl. Abb. 10).

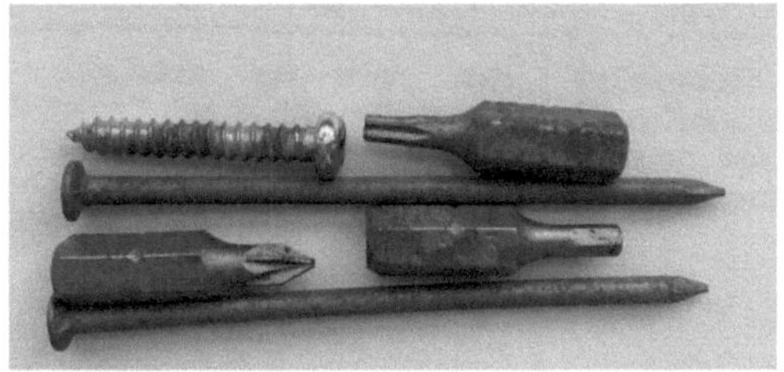

Abb. 9: Verrostete Eisenware vor dem Versuch.

Abb. 10: Reagenzglas mit gelb-grünlicher Lösung nach der Reaktion der Oxalsäure. Die Eisenware ist nicht mehr verrostet.

<u>Deutung:</u>

Oxalsäure reagiert mit dem wasserunlöslichen Rost (Fe_2O_3) zum wasserlöslichen Trioxalatoferrat(III)-Ion (vgl. Schema 12).

$$6 \; \begin{array}{c} O \\ \| \\ C-OH \\ | \\ C-OH \\ \| \\ O \end{array} + Fe_2O_3 \longrightarrow 2\,[Fe(C_2O_4)_3]^{3-} + 6\,H^+ + 3\,H_2O$$

Schema 12: Reaktion von Eisen(III)oxid und Oxalsäure zu wasserlöslichem Trioxalatoferrat(III)-Ion.

<u>Entsorgung:</u>

Die Lösung wird in den Kanister für organische Lösungsmittel gegeben.

3.3. Hydroxycarbonsäuren

Hydroxycarbonsäure sind Carbonsäuren, die noch eine zusätzliche Hydroxylgruppe enthalten. Sie kommen häufig in der Natur vor oder sind in biochemischen Prozessen vertreten. Die Tabelle 5 listet einige Beispiele auf. [2]

Tab. 5: Ausgewählte Hydroxycarbonsäuren mit Name und Summenformel.

Name	Summenformel
Glykolsäure (Hydroxyessigsäure)	$OH-CH_2-COOH$
Milchsäure (α-Hydroxypropionsäure)	$CH_3- CH_2-OH-COOH$
Apfelsäure	$COOH-CH-OH-CH_2-COOH$
Weinsäure	$COOH-CH-OH-CH-OH-COOH$
Zitronensäure	$COOH-CH_2-C-OH-COOH-CH_2-COOH$

3.4. Reaktion mit Nukleophilen

Carbonsäuren reagieren mit Nukleophilen. Durch Substitution der Hydroxylgruppe durch andere Atome oder Gruppen, entstehen Carbonsäurederivate. Wichtige Derivate sind Ester, Säurehalogenide, Amide und Anhydride (vgl. Abb. 11). Alle haben die Acylgruppe gemeinsam. [2]

Abb. 11: Derivate der Carbonsäure: Ester, Säurehalogenid, Amid, Anhydrid. Farbig markiert ist die gemeinsame Acylgruppe.

Bei der nukleophilen Substitution wird eine funktionelle Gruppe addiert. Es findet eine Umhybridisierung des Carboxyl-Kohlenstoffatoms zu einem sp^3-Hybrid statt. Dieser ist tetraedrisch gebaut. Die funktionelle Gruppe mit der höheren Abspaltungstendenz wird abgespalten. Das Kohlenstoffatom wird wieder sp^2-hybridisiert. Diesen Reaktionsmechanismus nennt man Additions-Eliminierungs-Reaktion. Die Reaktion kann sowohl säure- als auch basenkatalytisch ablaufen (vgl. Schema 13 und 14). Bei der basenkatalytischen Reaktion können jedoch Nebenprodukte entstehen, weil die meisten Basen als Nukleophil reagieren. Dies ist der Grund, wieso die säurekatalytische Reaktion bevorzugt wird. Hier wird zuerst die Carbonylgruppe aktiviert, indem ein Carbeniumiom entsteht. So kann das Nukleophil aufgenommen werden und die Abgangsgruppe wird abgespalten. [1]

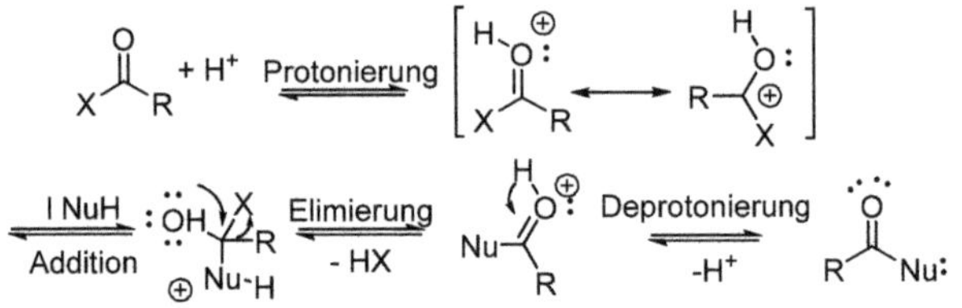

Schema 13: Mechanismus der S_N-Reaktion bei saurer Katalyse.

Bei der Basenkatalyse wird das Nukleophil deprotoniert. Anschließend wird das aktivierte Nukleophil addiert und die Abgangsgruppe abgespalten. Der Katalysator wird unverbraucht wiedererhalten.

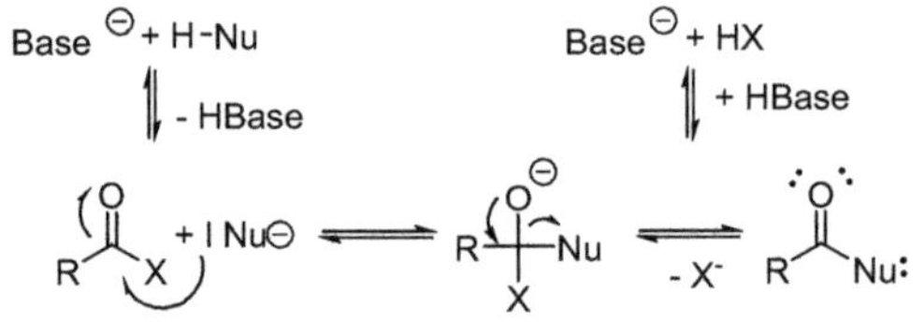

Schema 14: Mechanismus der S_N-Reaktion bei basischer Katalyse.

4. Derivate der Carbonsäure

Die Derivate werden in folgenden Kapiteln detaillierter beschrieben.

Zu den Carbonsäurederivaten gehören die Carbonsäurehalogenide, Carbonsäureanhydride, Carbonsäureamide und Ester.

4.1. Carbonsäurehalogenide

Wie der Name schon verrät, ersetzt bei den Carbonsäurehalogeniden ein Halogenatom die Hydroxylgruppe der Carbonsäure. Halogenatome bilden im Gegensatz zu der Hydroxylgruppe keine Wasserstoffbrückenbindungen aus, sodass die Schmelz- und Siedepunkte niedriger sind als bei den Carbonsäuren. Durch den -I-Effekt des Halogenatoms ist ein Carbonsäurehalogenid jedoch reaktiver. Sie werden unter starken Bedingungen durch eine nukleophile Substitution hergestellt. Man verwendet Reagenzien wie $SOCl_3$, PBr_3 oder PCl_3 (vgl. Schema 15). [1]

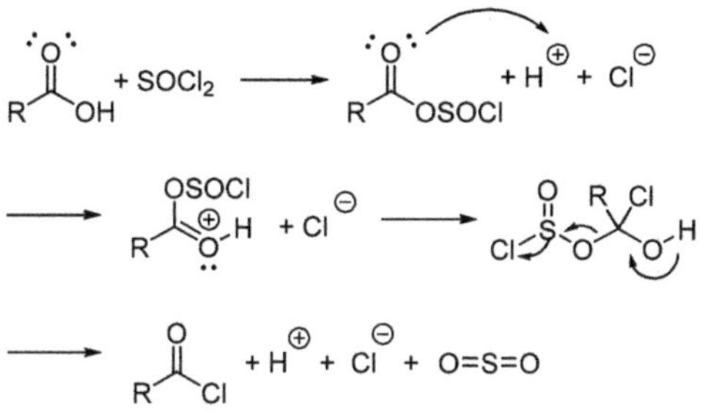

Schema 15: Mechanismus einer Carbonsäurehalogenidsynthese. Die Carbonsäure reagiert mit $SOCl_3$ durch eine nukleophile Substitution zu einem Carbonsäurehalogenid.

4.2. Carbonsäureanhydride

Carbonsäureanhydride erhält man aus der Reaktion von einem Carbonsäurehalogenid und einem Salz einer anderen Carbonsäure (vgl. Schema 16).

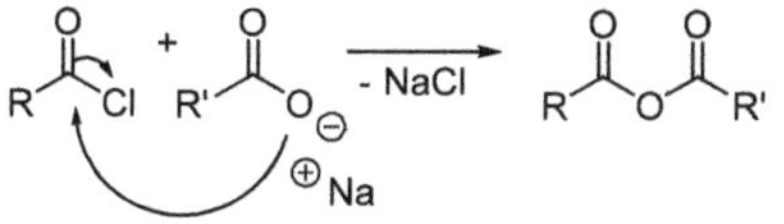

Schema 16: Mechanismus einer Carbonsäureanhydridsynthese. Ein Carbonsäurehalogenid reagiert mit einem Salz einer anderen Carbonsäure zu einem

Dicarbonsäuren führen durch intramolekulare Wasserabspaltung zu cyclischen oder polymeren Anhydriden.

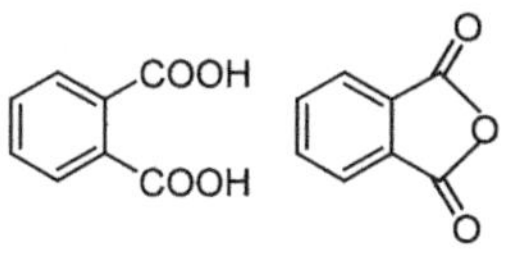

Abb.10: Strukturformel der Phthalsäure und des Pthalsäureanhydrid.

Allgemein werden Anhydride wie Carbonsäureanhydride als Substanzen für weitere Reaktionen verwendet. [2]

4.3. Carbonsäureamide

Carbonsäureamide können aus einem tertiären Alkohol, Keten, Nitril oder durch Beckmann-Umlagerung darstellt werden. [5]

Die Umsetzung mit Ammoniak erfolgt über eine tetraedrische Zwischenstufe (vgl. Abb.

Schema 17: Bildung eines Carbonsäureamids durch die Reaktion eines Carbonsäurehalogenids und Ammoniak.

Auch hier unterscheiden sich die Dicarbonsäuren. Beide Carboxylgruppen reagieren mit dem Ammoniak oder einem primären Amin, sodass Imide entstehen.

Carbonsäureamide werden industriell zur Herstellung von Polyamidfasern wie Nylon oder Perlon verwendet. Sie entstehen aus sogenannten Lactamen, die ebenfalls zu den Carbonsäureamiden zählen und aus Aminosäuren hergestellt werden. [1]

4.4 Ester

Ester sind wichtige Derivate der Carbonsäure, die in folgenden Kapiteln näher beleuchtet werden.

4.4.1. Nomenklatur

Der Name des Esters ergibt sich aus dem Namen der Carbonsäure, dem Namen des Restes und der Endung „-ester". An folgendem Beispiel wird es noch einmal verdeutlicht. An der Carboxylgruppe ist die Essigsäure zu erkennen. Der Rest ist eine Ethylgruppe. Somit ergibt sich der Name Essigsäureethylester (vgl. Abb. 12). [29]

Abb. 12: Strukturformel des Essigsäureethylesters.

4.4.2. Eigenschaften

Ester von niedrigen Carbonsäuren und Alkoholen haben einen fruchtigen Geruch, weshalb sie auch als Fruchtester bezeichnet werden. Sie kommen in reifen Früchten vor oder werden als naturidentische Aromastoffe in der Industrie verwendet. Tabelle 6 [1] zeigt einige Beispiele.

Tab. 6: Ausgewählte Fruchtester mit Zuordnung des Aromastoffes.

Ester	Aromastoff
Essigsäurepentylester	Birne
Propionsäurebutylester	Rum
Buttersäuremethylester	Ananas
Buttersäureethylester	Pfirsich
Pentansäurepentylester	Apfel
Benzoesäureethylester	Nelke

Ester aus höheren Carbonsäuren werden als Wachse, Öle und Fette bezeichnet. Wachse werden aus langkettigen Alkoholen mit 25-32 Kohlenstoffatomen hergestellt. Ein Beispiel dafür ist das bekannte Bienenwachs, das zu 65% aus Palmitinsäuremycilester (vgl. Abb. 13) besteht.

$$C_{15}H_{31}-\overset{\displaystyle O}{\overset{\|}{C}}-O-CH_2-C_{30}H_{61}$$

Abb. 13: Strukturformel des Palmitinsäuremycilesters.

Fette und Öle hingegen sind Ester aus Glycerin und Fettsäuren.

4.4.3. Darstellung von Ester

Die Veresterung beschreibt eine Reaktion von einer Carbonsäure mit einem Alkohol zu einem Ester und Wasser (vgl. Schema 18). Die Reaktion ist eine Gleichgewichtsreaktion. Die Rückrektion wird als Esterhydrolyse bezeichnet, die in Versuch 7 dargestellt wird.

Schema 18: Veresterung und Esterhydrolyse sind im Gleichgewicht. Bei der Veresterung reagieren Alkohol und Carbonsäure zu Carbonsäureester und Wasser. Durch Hydrolyse reagieren Ester zurück zu den Ausgangsstoffen.

In folgendem Kapitel soll die Herstellung noch einmal praktisch beleuchtet werden. Der Fokus liegt hierbei auf den sogenannten Fruchtestern.

4.4.4. Fruchtester

Ester sind naturidentische Aromastoffe. In folgendem Versuch werden exemplarisch zwei Ester hergestellt.

Versuch 6: Herstellung von Estern (Birnen- und Nelkenaroma) [7]

Birnenaroma (Essigsäurepentylester)

Chemikalien	H-Sätze	P-Sätze	Piktogramm
Essigsäure	226, 314	260, 280, 301+330+331, 305+351+338	
Pentanol	226, 315, 319, 332, 335	210, 302+352, 305+351+338	
konz. Schwefelsäure	290, 314	280, 301+330+331, 305+351+338, 309+310	

<u>Geräte:</u>

- Reagenzglas
- Bunsenbrenner

<u>Durchführung:</u>

In einem Reagenzglas werden 3 mL Pentanol und 3 mL Essigsäure vermischt und 1 mL konz. Schwefelsäure zugesetzt. Danach wird es leicht erwärmt und eine Geruchsprobe durchgeführt.

<u>Beobachtung:</u>

Es ist ein birnenähnlicher Geruch wahrnehmbar (vgl. Abb. 14).

<u>Deutung:</u>

Es ist ein Fruchtester entstanden. Der Essigsäurepentylester ist für den Geruch verantwortlich. Ester dienen als Aromastoffe und lassen sich mit Naturstoffen vergleichen.

Nelkenaroma (Benzoesäureethylester)

Chemikalien	H-Sätze	P-Sätze	Piktogramm
Benzoesäure	315, 318, 372	280, 302+352, 305+351+338, 314	
Ethanol	225, 319	210, 214, 305-351-338, 403+233	
konz. Schwefelsäure	290, 314	280, 301+330+331, 305+351+338, 309+310	

<u>Geräte:</u>

- Reagenzglas
- Bunsenbrenner

<u>Durchführung:</u>

In einem Reagenzglas werden eine Spatelspitze Benzoesäure und 3 mL Ethanol vermischt. Mit einer Pipette werden vorsichtig unter Schütteln 10 Tropfen konzentrierte Schwefelsäure zugetropft. Danach wird es leicht erwärmt und eine Geruchsprobe durchgeführt.

<u>Beobachtung:</u>

Es ist ein Geruch nach Gewürznelken wahrnehmbar (vgl. Abb. 14).

Abb. 14: Die Fruchtester Ethylsäurepentylester mit Birnensäure und Benzoesäureethylester mit Nelkenaroma.

<u>Deutung:</u>

Benzoesäureethylester sorgt für den Geruch. Ester sind naturidentische Aromastoffe.

<u>Entsorgung:</u>

Die Lösungen sind in den Kanister für organische Lösungsmittelabfälle zu entsorgen.

4.4.5. Esterspaltung

Ein Ester kann durch Esterhydrolyse oder durch Esterpyrolyse gespalten werden. Die Reaktionen sind im Vergleich zur Verseifung irreversible Reaktionen.

4.4.6. Verseifung von Ester

Die Verseifung von Ester wird auch Esterhydrolyse genannt. Sie bezeichnet die Rückreaktion, was in Kap. 4.4.3 bereits im Reaktionsmechanismus gezeigt wurde. Die Verseifung ist ähnlich wie die Seifen- bzw. der Tensidherstellung (vgl. Schema 19). Hier reagiert ein Ester mit z.B. Natriumhydroxid zu einem Salz und einem Alkohol. [1]

$$R-\underset{O}{\overset{O}{C}}-O-R' \;+\; Na^{\oplus} + OH^{\ominus} \longrightarrow R-\underset{O}{\overset{O}{C}}-O^{\ominus} \;+\; Na^{\oplus} + HO-R'$$

Schema 19: Reaktionsgleichung der Verseifung. Ester reagieren mit Natronlauge zu Alkoholen und Salzen der Carbonsäuren.

Versuch 7: Alkalische Esterhydrolyse – eine irreversible Reaktion [8]

Chemikalien	H-Sätze	P-Sätze	Piktogramm
Natronlauge	314, 290	280, 301+330+331, 309+310, 305+351+338	
Essigsäureethylester	225, 319, 336	210, 240, 305+351+338	
Phenolphthalein	350, 341, 361	201, 281, 308+313	
Eisen(III)chlorid	302, 315, 318, 317	280, 301+312, 302+352, 305+351+228, 310, 510	
Natriumacetat	-	-	-

Durchführung:

Drei Reagenzgläser werden wir folgt befüllt:

Reagenzglas 1: 2 mL Natriumacetat-Lösung + 1 mL Eisen(III)chlorid-Lösung

Reagenzglas 2: 1 mL Essigsäureethylester + 2 mL destilliertes Wasser + 1 mL
Eisen(III)chlorid-Lösung

Reagenzglas 3: 1 mL Essigsäureethylester + 2 mL destilliertes Wasser + 2-3 Tropfen
0,1%ige Phenolphthaleinlösung + einige Tropfen 0,1 M
Natriumhydroxidlösung

Das Reagenzglas 3 wird nun mit einem Stopfen verschlossen und so lange geschüttelt,
bis die violette Färbung verschwunden ist. Nun wird 1 mL Eisen(III)chlorid-Lösung hinzugegeben (vgl. Abb. 15).

Abb 15: Reagenzgläser, die, wie in der Durchführung beschrieben wurde, befüllt wurden.
Reagenzglas 3 (magenta) vor Zugabe der Eisen(III)chlorid-Lösung und rechts nach der Zugabe.

Die Eisen(III)chlorid-Lösung dient als Nachweis für Acetationen. Es bildet sich ein orange-roter Eisenacetatkomplex. In diesem Versuch handelt es sich dabei um eine positive Blindprobe.

Reagenzglas 2: Der Nachweis für Acetationen ist negativ, da zudem auch keine Esterspaltung stattfindet.

Reagenzglas 3: Durch Zugabe von Natronlauge kommt es zur alkalischen Esterspaltung, bei der Acetationen entstehen, die durch die Eisen(III)chlorid-Lösung (orange-farbende Lösung) nachgewiesen werden können. Die alkalische Esterhydrolyse ist eine irreversible Reaktion, da auf das hier entstehende Acetation kein nukleophiler Angriff mehr erfolgen kann. Neben dem Acetation entsteht außerdem ein Alkohol (vgl. Schema 20).

$$C_4H_8O_2 \text{ (l)} + NaOH\text{(aq)} \longrightarrow CH_3COO^- \text{ (aq)} + C_2H_6O \text{ (aq)} + Na^+ \text{ (aq)}$$

Schema 20: Reaktion des Essigsäureethylesters mit Natronlauge zum Acetation und Ethanol.

Entsorgung:

Die Lösungen werden in den Sammelbehälter für Schwermetallabfälle gegeben.

4.4.7. Esterpyrolyse

Die Esterpyrolyse beschreibt die Esterspaltung ohne die Reaktion mit weiteren Reagenzien, sondern nur durch Einfluss hoher Temperaturen von 300-500°C. Die Reaktion wird als Elimierungsreaktion bezeichnet. Man erhält als Produkt ein Olefin und eine Carbonsäure (vgl. Schema 21).

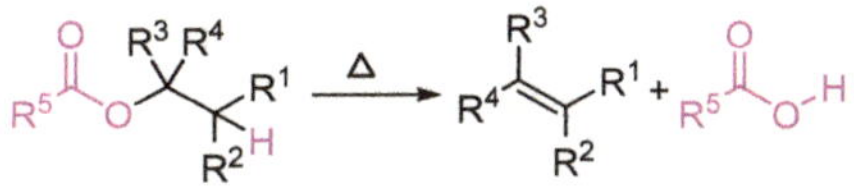

Schema 21: Reaktionsgleichung einer Esterpyrolyse. Durch hohe Temperaturen wird ein Ester in ein Olefin und eine Carbonsäure gespalten.

H- und P-Sätze [9]

H-Sätze

224 Flüssigkeit und Dampf extrem entzündbar.

225 Flüssigkeit und Dampf leicht entzündbar.

226 Flüssigkeit und Dampf entzündbar.

290 Kann gegenüber Metallen korrosiv sein.

302 Gesundheitsschädlich bei Verschlucken.

312 Gesundheitsschädlich bei Hautkontakt.

314 Verursacht schwere Verätzungen der Haut und schwere

   Augenschäden.

315 Verursacht Hautreizungen.

317 Kann allergische Hautreaktionen verursachen.

318 Verursacht schwere Augenschäden.

319 Verursacht schwere Augenreizung.

332 Gesundheitsschädlich bei Einatmen.

341 Kann vermutlich genetische Defekte verursachen.

350 Verursacht Krebs.

351 Kann vermutlich Krebs verursachen.

361 Kann vermutlich die Fruchtbarkeit beeinträchtigen

   oder das Kind im Mutterleib schädigen.

372 Schädigt die Organe bei längerer oder wiederholter Exposition.

P-Sätze

201 Vor Gebrauch besondere Anweisungen einholen.

210 Von Hitze, Funken, offenen Flammen, heißen Oberflächen sowie

anderen Zündquellen fernhalten. Nicht rauchen.

233 Behälter dicht verschlossen halten.

240 Behälter und zu befüllende Anlage erden.

260 Staub/ Rauch/ Gas/ Nebel/ Dampf/ Aerosol nicht einatmen.

280 Geeignete Schutzhandschuhe tragen. Geschlossenen Laborkittel

tragen. Augenschutz tragen. Gesichtsschutz tragen.

Staubschutzmaske tragen. Atemschutz tragen. Im Abzug arbeiten.

281 Vorgeschriebene persönliche Schutzausrüstung verwenden.

313 Ärztlichen Rat einholen/ärztliche Hilfe hinzuziehen

314 Bei Unwohlsein ärztlichen Rat einholen/ärztliche Hilfe hinzuziehen.

301+312 Bei Verschlucken: Bei Unwohlsein

Giftinformationszentrum oder Arzt anrufen.

301+330+331 Bei Verschlucken: Mund ausspülen. KEIN Erbrechen

herbeiführen.

302+352 Bei Berührung mit der Haut: Mit viel Wasser waschen.

305+351+338 Bei Berührung mit den Augen: Einige Minuten lang behutsam

mit Wasser ausspülen. Eventuell vorhandene Kontaktlinsen

nach Möglichkeit entfernen. Weiter ausspülen.

308+313 Bei Exposition oder Verdacht: Ärztlichen Rat einholen/ärztliche Hilfe
hinzuziehen.

309+310 Bei Exposition oder Unwohlsein: Sofort Giftinformationszentrum oder Arzt
anrufen.

403+223 An einem gut belüfteten Ort aufbewahren. Behälter dicht verschlossen
halten.

Literaturverzeichnis

Literatur:

[1] A. Wollrab: *Organische Chemie. Eine Einführung für Lehramts- und Nebenfachstudenten*, Springer Verlag, Berlin – Heidelberg [3]2009

[2] C.E. Mortimer; U. Müller: Chemie. *Das Basiswissen der Chemie*, Thieme, Stuttgart [12] 2015

[3] [E.] Just; M. Just; O. Kownatzki: *Chemische Schulexperimente. Organische Chemie*, Bd. 2, hg. v. M. Just; H. Keune, Cornelsen, 1999

[4] K. Anscheit; A. Fint: *Chemie fürs Leben. Bier, Baby-Öl und Essig-Essenz*, Rostock 2014

http://www.didaktik.chemie.uni-rostock.de/fileadmin/MathNat_Chemie_Didaktik/Downloads/Skript_OC_Sek_1.pdf
(zuletzt aufgerufen am 17.02.2017)

[5] R. Brückner: *Reaktionsmechanismen. Organische Reaktionen, Stereochemie, Moderne Synthesemethoden*, Springer Verlag, Berlin – Heidelberg [3]2015

[6] http://www.cumschmidt.de/v_rostweg.htm (zuletzt aufgerufen am 16.02.2017)

[7] K. Häusler; H. Rampf; R. Reichelt: *Experimente für den Chemieunterricht. Mit einer Einführung in die Labortechnik*, Oldenbourg, München 1991

[8] E. Irmer; R. Kleinhenn et. al: *Elemente Chemie 11/12*, Klett-Verlag, Stuttgart 2010

[9] http://www.seilnacht.com/Chemie/hpsaetze.html (zuletzt aufgerufen am 21.02.2017)